Tanja Brandt

Liebe verfliegt nicht

Tanja Brandt

LIEBE VERFLIEGT NICHT

Tierische Freunde,
die immer zusammenhalten

LÜBBE

Originalausgabe

Texterstellung: Angela Kuepper, München
Bildredaktion: Cindy Witt
Foto Seite 142: Nane Vecqueray
Einband-/Umschlagmotiv: © Tanja Brandt
Umschlaggestaltung: Tanja Østlyngen
Satz: Helmut Schaffer, Hofheim a. Ts.
Gesetzt aus der Seravek
Druck und Einband: Livonia Print, Riga

Printed in Latvia

ISBN 978-3-431-04104-0

5 4 3 2 1

Sie finden uns im Internet unter: www.luebbe.de
Bitte beachten Sie auch: www.lesejury.de

Inhalt

Vorwort

Wer das Glück hat, mit Tieren zusammenzuleben, weiß, dass jeder einzelne Tag mit ihnen voller Überraschungen steckt. In meinem Fall gilt das ganz besonders, seit der kleine Steinkauz Poldi zu meiner Tierfamilie stieß und eine unvergleichliche Freundschaft mit Ingo, dem belgischen Schäferhund, schloss. In den vergangenen Jahren ist es – wie zu erwarten – nicht bei einer Eule geblieben. Inzwischen gehören Uschi, Gandalf, Lenni und Bärbel zur gefiederten Clique. Nicht zu vergessen Phönix, der Wüstenbussard, Rüdiger, mein flauschiges Habichtskauz-Baby – und natürlich all die Tiere, die vorübergehend Unterschlupf bei mir finden, weil sie verletzt sind und wieder aufgepäppelt werden müssen. Und was Poldi angeht: Der ist gerade zum dritten Mal Vater von fünf bezaubernden Küken geworden ...

Eulen und Greife haben mich seit jeher fasziniert. Sie sind keine Haustiere, die über Jahrhunderte hinweg domestiziert wurden und sich an das Zusammenleben mit Menschen angepasst haben. In ihnen schlummert ein wildes und zugleich sanftes, aufbrausendes und doch unglaublich anhängliches Wesen. Auch wenn Poldi, Gandalf, Bärbel und die anderen handzahm sind und besonders Gandalf sogar mal mit in die Eisdiele kommt, um dort nach dem Rechten zu sehen, sind sie dennoch frei und haben ihren eigenen Willen. Und gerade deshalb ist die Nähe, die sie suchen, solch ein Geschenk. Ein Geschenk, das auf hundertprozentigem Vertrauen, Respekt und Akzeptanz beruht.

Eulen haben überhaupt kein Problem damit, ihre Launen auszuleben, und wenn sie den Schnabel voll haben, dann zeigen sie das deutlich. Sogar Gandalf, der beim Fotoshooting meist eine Engelsgeduld, um nicht zu sagen: Bequemlichkeit demonstriert, springt dann mal vom Pfosten, auf dem er eben noch dekorativ saß, und marschiert schnurstracks zum Auto. Eine unmissverständliche Botschaft.

fashion
Jamont

Der starke Charakter der Eulen macht sie zu wahren Persönlichkeiten. Dabei hat jedes Tier seine speziellen Eigenheiten. Was mich immer wieder aufs Neue fesselt, ist die Art, wie die so unterschiedlichen Geschöpfe miteinander umgehen. Ingo, der gern wild umherspringt und jede Menge Unfug im Kopf hat, wird zum fürsorglichsten Gefährten, wenn es um Eulen geht. Es ist pure Liebe, die ihn und seine „Schützlinge" wie mit einem unsichtbaren Band verbindet.

Ein Leben ohne Tiere könnte ich mir niemals vorstellen. Die Bedingungslosigkeit, mit der sie lieben, und die Aufopferung, die sie in die Aufzucht ihrer Jungen stecken, gehen mitten ins Herz. Und davon handelt dieses Buch: von tierischen Freunden, die immer zusammenhalten und dabei jede Menge Abenteuer erleben.

Einleitung

Jeder, der mit wachen Augen durch die Natur geht, kennt dieses unbeschreibliche Gefühl, das sich einstellt, wenn man plötzlich eine Eule entdeckt. Ob es sich um einen Waldkauz handelt, der bestens getarnt aus einem hohlen Baum herunterstarrt, oder um einen Uhu in einer verfallenen Burg: Einen Herzschlag lang scheint die Zeit stillzustehen, und man ist wie gebannt. Dann spreizen sich die weiten Schwingen, die Eule gleitet lautlos davon – und lässt einen staunend zurück.

Auch bei handzahmen Eulen spürt man das Wilde, Eigenwillige. Anders als Ingo, der trotz seines Ungestüms auf jede Bitte und jedes Zeichen reagiert, stellen Eulen bei der Tierfotografie eine echte Herausforderung dar. Und gerade das fasziniert mich so. Man braucht jede Menge Ruhe, Einfühlungsvermögen und Vertrauen ineinander.

Als ich vor Jahren nach einer schweren Krankheit zu fotografieren begann, wollte ich einfach nur schöne Bilder von meinen Hunden machen und ihren Charakter einfangen. Also gingen wir zusammen in die Natur und tollten ausgelassen herum. Hauptsache, der geliebte Ball war dabei! Wenn ich ihn über die Wiese am Waldrand warf, dann waren die Hunde ganz in ihrem Element. Mit einer Riesenbegeisterung flitzten sie hinterher, stoben durch Pfützen, fischten ihn aus einem Tümpel und brachten ihn stolz zurück, bereit für die nächste Runde. So entstanden die ersten Bilder.

Fotografieren, das war und ist für uns immer Spiel und Spaß.

Später, als Poldi zur Familie stieß, merkte ich bald, dass bei einer Eule andere Regeln gelten. Mal eben für ein Leckerchen zehn Zentimeter auf dem Ast nach links rücken, weil dort der Hintergrund so hübsch ist? Fehlanzeige.

Inzwischen habe ich viel von den Tieren gelernt. Finde ich auf unseren Streifzügen durch den Wald eine geeignete Stelle zum Fotografieren, dann zeige ich sie meinen Eulen. Wenn sie Lust haben, fliegen sie dorthin – überzeugt, dass sie es waren, die den Platz für sich entdeckt haben. Und dann legen wir los und knipsen, solange die gute Laune anhält.

Viele meiner Fotos waren ursprünglich völlig anders geplant. Ganz ähnlich ist das übrigens mit meinem Tagesablauf. Aber Leben ist bekanntlich nun mal das, was passiert, während man eifrig dabei ist, andere Pläne zu schmieden ...

Und oft ist es genau das Unwägbare, das die originellsten Fotos und Momente beschert. So etwa eines Morgens, als ich, noch im Schlafanzug, gemütlich mit Ingo kuscheln und bei einer großen Tasse Kaffee meine Nachrichten beantworten wollte ... Tags zuvor hatte ich nicht viel geschafft, denn ein Marder war um die Voliere der Steinkäuze geschlichen, die gerade zum zweiten Mal Nachwuchs hatten. Poldi hatte sich in heller Aufregung auf den Boden geworfen und geschrien, um von Finchen und den Küken abzulenken. So viel Heldenhaftigkeit hätte ich dem kleinen Kerl gar nicht zugetraut!

Ich öffnete gerade in aller Ruhe mein überfülltes E-Mail-Postfach, als lautes Hundegebell an mein Ohr drang. Der Marder! Ich rannte so, wie ich war, zu den Volieren und fand auch gleich die Ursache für den Aufstand: In der Lebendfalle, die wir tags zuvor aufgestellt hatten, hockte kein Marder, sondern – ein Fuchs! Schnell brachten meine Freundin und ich die Hunde in den Hof der Falknerei, schlossen das Tor, und ich öffnete die Falle in der festen Überzeugung, dass der Fuchs schnellstens das Weite in Richtung Wald suchen würde. Das war jedoch ein Trugschluss. Der Fuchs schlug einen Haken, zwängte sich ausgerechnet unter dem Tor zum Hof hindurch – und landete mitten unter den Hunden und Adlern! So schnell wir konnten, liefen wir hinterher: allen voran der Fuchs, dann die Hunde – und wir im Schlafanzug als Schlusslicht. Dann bekamen wir die Hunde zu fassen, und der Fuchs entkam durch den Zaun. Ich war mir sicher, dass er mehr als genug von uns hatte. Falsch gedacht!

Am Tag darauf, nachdem ich meine Runde bei den Tieren beendet hatte und mich endlich den Mails widmen wollte, ertönte erneut Lärm in der Falknerei. Ich ging hinaus – und sah den Fuchs, der ein Auge auf Uschi, meine Schneeeule, geworfen hatte. Die anderen Vögel schrien in heller Aufruhr – nur Uschi hockte seelenruhig in Bodennähe auf einem Baumstamm. Sie drehte den hübschen Kopf, besah den Fuchs neugierig und schien zu überlegen, ob er mit seinem rötlich braunen Fell vielleicht der kleine Bruder von Ingo sei.

Bevor der Fuchs Anstalten machen konnte, sie zu packen, kamen auch schon die Hunde angerannt und verjagten ihn mit wütendem Gebell. Und Uschi? Die war immer noch am Überlegen, wer das wohl gerade gewesen sein mochte …

Eins ist sicher: Langweilig wird es bei uns nie. Und was die Mails angeht: Die müssen eben warten, denn meine Tiere haben immer Vorrang.

Viel Vergnügen, Ihre Tanja Brandt

1. Kapitel:

Gandalf

Als Gandalf zu mir kam, war er gerade mal eine Handvoll Küken mit seidigem grauem Flaum, das mich aus riesigen orangefarbenen Augen neugierig ansah. Seinen Zauberernamen erhielt er wegen des weißen Gesichtsschleiers und der bartähnlichen Federbüschel um seinen Schnabel herum. Und er war auch einfach zauberhaft, wie er den Kopf hin und her schwang und sich überrascht nach Ingo umsah. Immer wieder hielt ich ihm ein Leckerchen hin, um ihn auf die Hand zu locken, aber darauf hatte er wenig Lust. Vielleicht hätte ich da schon ahnen können, welch ein kleiner, bockiger Knötterich in ihm steckt ...

Gandalf ist eine Weißgesichtseule. Diese wunderschönen Vögel mit den ausdrucksstarken Augen sind in Afrika südlich der Sahara zu Hause. Sie leben in Savannen und lichten Wäldern und sind neugierig auf Menschen, sodass man sie gelegentlich auch in Parks antrifft. Wie seine Artgenossen liebt Gandalf die Wärme. An kalten Tagen mag er partout nicht vor die Tür. Wenn endlich der Frühling kommt, genießt er die Sonnenstrahlen und sucht sich ein Versteck zwischen den ersten Blüten und Blättern.

Anfangs war Gandalf ein ziemlicher Tollpatsch und ganz versessen auf Ei. Einmal gab ich gerade Rührei auf den Teller, da bemerkte ich aus dem Augenwinkel einen Schatten näher kommen – und schon landete Gandalf mitten in der buttrig-gelben Masse. Sein kleiner Bauch war voller Fettschlieren. Ich schnappte ihn mir und versuchte sein flaumiges Gefieder zu waschen, was sich als gar nicht so einfach herausstellte. Seine Laune verschlechterte sich zusehends, und er grummelte missmutig vor sich hin. Das Wasser hatte doch tatsächlich die Unverschämtheit besessen, seine Füße zu berühren! Er warf dem Wasserhahn vorwurfsvolle Blicke zu und verzog sich beleidigt in eine Ecke.

Dabei liebt Gandalf Wasser – wenn es von oben kommt. Im Regen spreizt er die Flügel weit und lässt die Tropfen über sein Gefieder rinnen. Dann senkt er wohlig den Kopf, sodass auch sein Rücken eine sanfte Dusche abbekommt. Anschließend schüttelt er sich, plustert die Federn auf und putzt sich ausgiebig. Und sein Gefieder duftet nach warmem Regen und Wald.

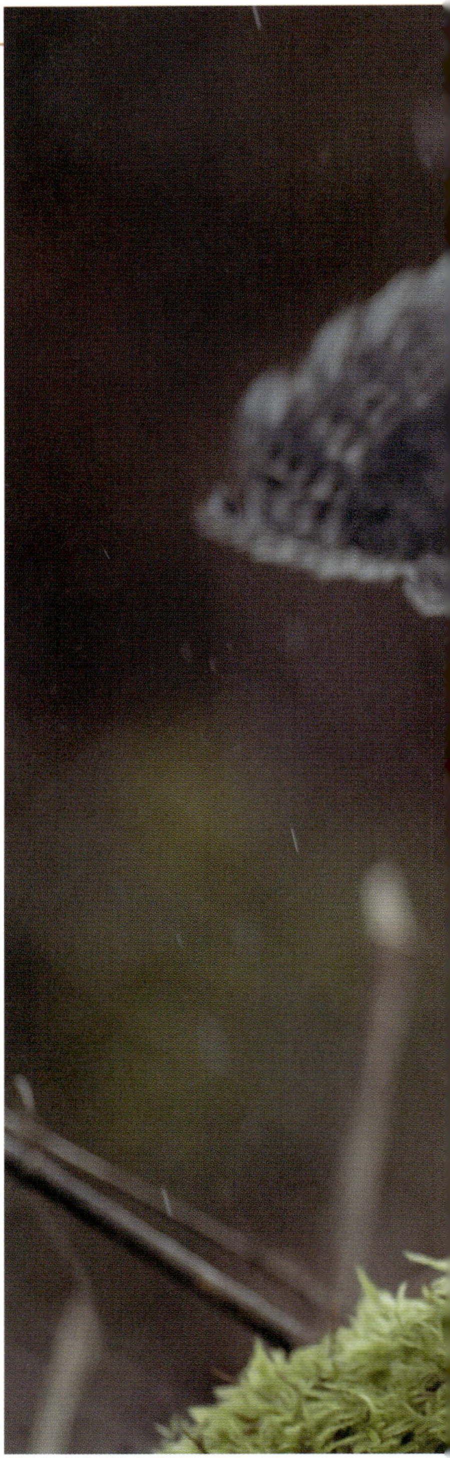

Mit ihren großen Augen, die starr nach vorne gerichtet sind, verfügen Eulen über ein ausgezeichnetes räumliches Sehen. Um das eher kleine Sehfeld auszugleichen, bewegen sie den Kopf bis zu 270 Grad in beide Richtungen und erfassen so ihre Umgebung, ohne die Position ihres Körpers ändern zu müssen. Beste Voraussetzungen für die Jagd!

Mit Jagen hat Gandalf allerdings nicht viel im Sinn – da müsste man sich ja anstrengen. Eine Weile scannt er seine Umgebung aufmerksam mit seinen magischen Augen, aber dann reicht es auch schon wieder, und die Lider fallen ihm zu. Sie sind blau, was ihm etwas Mystisches verleiht.

Wie all meine Tiere hat Gandalf seinen ganz eigenen Charakter. Ist er gut gelaunt, schmust er und kommentiert die angenehmen Seiten des Lebens mit langen, fauchenden Lauten, was mich immer an einen kleinen Feuerdrachen denken lässt. Wenn er will, macht er alles mit, zickt nicht und ist unbestechlich. Er klaut allerdings manchmal – besonders wenn es in die Eisdiele geht, wo er mit Vorliebe den Puderzucker auf den Waffeln mit Flügelschlagen verteilt oder auch mal effektvoll durch die Kirschsoße schlittert.

Normalerweise aber unterliegt alles, was er tut, einer Kosten-Nutzen-Rechnung: Lohnt es sich, sich dafür zu bewegen? Einmal hatte ich in der Küche eine durchsichtige Vorratsbox mit Leckerchen stehen und öffnete sie. Gandalfs Augen wurden größer und größer, er starrte das Futter an, als wollte er es hypnotisieren. Als er damit keinen Erfolg hatte, schlich er um die Box herum, knötterte, lief an, bremste, starrte wieder ... Jeder andere hätte sich mit Schwung in die Box gestürzt und sich genommen, was er nur kriegen könnte. Gandalf aber? Der starrte unbewegt weiter – und schlief letztlich darüber ein.

Am liebsten lässt er es gemütlich angehen, döst in aller Seelenruhe vor sich hin oder hält ein Nickerchen. Den Traum vom Fliegen, den wir Menschen hegen, kann er nicht nachvollziehen. Warum sich anstrengen und die Flügel bewegen, wenn man auch laufen kann? Seinen Gang hat er in „Schmidtchen-Schleicher"-Manier perfektioniert und tänzelt auf seinen langen Beinen zielstrebig voran. Oft setzt er das Gehen als Statement ein: dann nämlich, wenn es ihm reicht. Und es reicht ihm ziemlich oft. Denn neben all seinem Charme ist er ein richtiger kleiner Sturkopf. Hat er sich etwas in den Kopf gesetzt hat, zieht er es durch. Passt ihm etwas nicht in den Kram, wird er bockig. Dann knöttert er miesepetrig vor sich hin – und der Tag ist gelaufen.

Gandalfs No-go-Liste ist entsprechend lang. Temperaturen unter 10 Grad? „Nix für mich." Temperaturen über 32 Grad? „Ja, geht's noch?" Heftiger Regen, Schnee? „Auswandern wäre eine Option." Geweckt werden? „Knötter, knötter." Nicht geweckt werden? „Knötter, knötter. (Man könnte ja was verpassen.)" Ein Foto auf einem Sandhügel, weil die Farbe die braunen Nuancen im Federkleid so wunderbar zur Geltung bringt? „Ich gehe." Und das tut er dann auch. Wortwörtlich.

Treppen fliegt er nicht hoch oder runter, er nimmt sie Stufe für Stufe. Pfützen kommen einer Staatsbeleidigung gleich, er lässt sich hindurchtragen. Heißluftballone, Segelflieger, Kühe sind die Mühe nicht wert, ihnen überhaupt Beachtung zu schenken.

Wenn aber wirklich Gefahr droht, zeigt Gandalf eine geradezu unheimliche Angewohnheit. Weißgesichtseulen werden im Englischen auch „Transformer Owls" genannt wegen ihrer Fähigkeit der Verwandlung. Binnen Sekunden legen sie das Gefieder eng an den Körper an und machen sich ganz schmal, während die Ohrbüschel nach oben zeigen und die Flügel länger wirken. In ihrem natürlichen Habitat dient dies der Tarnung: Sie schließen die Augen, schmiegen sich an einen Akazienstamm und verschmelzen ganz mit ihrer Umgebung.

Kleinen Hunden, gleich großen Eulen und Katzen gegenüber schlägt Gandalf mit seinen Schwingen ein Rad, um zu demonstrieren, dass er ihnen überlegen ist. Wenn er aber einen auf „Transformer" macht, hat man Mühe, den kleinen knuffigen Kerl in ihm zu entdecken, der er eigentlich ist. Bei seiner Verwandlung folgt er einer Rangliste des Schreckens: Ist sein Gegenüber ihm unsympathisch, aber kein ernst zu nehmender Gegner, macht er sich vorsichtshalber ein klein wenig schmaler. Wagt sich Feind Staubsauger in seine Nähe, wird er noch ein bisschen schmaler, senkt den Kopf und brummelt, als wollte er sagen: „Pass bloß auf! Wenn du dich nicht schleunigst wegbewegst, mach ich dich fertig!" Bei fremden Hunden wird er extrem schmal, und die Ohren stehen steil nach oben. Getoppt wird das nur, wenn er sich einem Gockel gegenübersieht. Dann legt er das Gefieder so eng an, dass er richtig gruselig aussieht, wie eine „Ekeleule". Ganz nach dem Motto: „Ich bin ungenießbar, mich solltest du nicht fressen!"

Ansonsten kultiviert Gandalf das Nichtstun und perfektioniert seine Gabe, sich mit möglichst wenig Aufwand in die Herzen der Leute zu stehlen. So zum Beispiel bei meinen Foto-Workshops. Mit seiner unaufgeregten Art ist Gandalf ein toller Begleiter, der selbstredend darüber bestimmt, wo und wie lange er geknipst wird. Einmal wollten die Teilnehmer so gerne Flugfotos machen. Es herrschte ziemlich viel Trubel rings um uns herum: fünfzehn Fotografen mit ihrem Equipment, direkt daneben der Parkplatz inklusive Pferd, Rädern, Autos. Gandalf kümmerte das wenig. Acht Mal flog er zum Entzücken aller auf die Kameras zu. Als es ans neunte Mal ging, blieb er auf dem Pfosten sitzen, zog ein Bein hoch – und schloss die Augen. „Knipst doch, was ihr wollt, ich mache erst mal ein Nickerchen", schien er zu denken. Eine Minute später war er eingeschlafen.

Mit zu den jungen, hilflosen Tieren, die ich aufpäppele, zählte auch Dohli. Um sie nicht fehlzuprägen, hielt ich sie mit anderen Dohlen zusammen, doch Ingo und Gandalf interessierten sie weit mehr als ihre Artgenossen. Als sie alle alt genug waren, uns zu verlassen, schlossen sie sich den Dohlen einer wilden Kolonie an.

Die anderen sah ich nie wieder, nur Dohli. Immer wieder mal kam sie von irgendwoher angeflogen, landete hinten auf Ingos Hinterteil, rannte vor zu seinem Kopf und nutzte seine Stirn als Startbahn, um wieder hinauf zu den Bäumen zu fliegen. Manchmal tauschte sie auch mit Gandalf Neuigkeiten aus, der ihr versuchsweise ein Küsschen gab und sie hinterher anstarrte, als wollte er fragen: „Ups, was ist denn da über mich gekommen?"

Wegen seiner Herkunft und seines Bedürfnisses nach Wärme hält Gandalf sich den Winter über meist im Haus auf. Wenn ich Fotos bearbeite, hockt er auf dem Monitor oder der Stuhllehne, und auch sonst ist er überall dabei – wenn er nicht gerade an Ingo gekuschelt ein Schläfchen hält.

Ingo ist von klein auf Gandalfs Freund und Beschützer. Mit Ingo schmust er, wobei er durchaus auch mal ruppig sein kann und ihn am Ohr zieht. Doch wenn wir draußen sind und Bussarde am Himmel auftauchen, ist Ingo der Beste! Dann versteckt sich Gandalf schnell unter ihm, bis die Gefahr vorüber ist.

Poldi ist Gandalfs Vorbild, Vaterersatz und bester Freund zugleich. Da mein kleiner Steinkauz inzwischen die Damenwelt für sich entdeckt hat und gerade zum dritten Mal mit der Aufzucht seiner Jungen beschäftigt ist, hat er weniger Zeit, seine Freundschaften zu pflegen. Doch wenn die beiden sich wiedersehen, stößt Gandalf seinen Feuerdrachen-Laut aus und trippelt zu Poldi, bis sie ganz eng beieinandersitzen. Poldi, der inzwischen von Gandalf um einiges überragt wird, sieht ihn schräg von unten an. Einen Atemzug lang herrscht Stille, dann krault Gandalf Poldi den Nacken und fängt an zu schnäbeln … Beste Freunde eben!

2. Kapitel:

Uschi

Schneeeulen sind ursprünglich in der arktischen Tundra zu Hause, und es ist faszinierend zu sehen, wie perfekt sie an ein Leben im unwirtlichen Norden angepasst sind.

Als Küken sind sie noch dunkelgrau, doch je älter, desto weißer werden sie. Das dichte Gefieder erwachsener Männchen ist schneeweiß, mit wenigen Punkten und Linien. Die Weibchen sind wegen ihrer dunkleren Zeichnung leicht zu unterscheiden. Wer genau hinsieht, erkennt deshalb auch, dass Harry Potters berühmte Schneeeule „Hedwig" in Wirklichkeit männlich sein muss.

Uschi kam als dreimonatiges Eulenkind zu mir und war bereits ausgewachsen. Ihre Geschwister waren recht aggressiv – eine typische Eigenschaft von Schneeulen, die sich mitunter sogar gegen Eisbären verteidigen müssen. Uschi, die Dritte im Bunde, fiel mir auf, weil sie stiller war und ein Flügel seitlich herunterhing. Als der Züchter mir sagte, sie würde präpariert werden, wenn niemand sie nähme, kaufte ich sie ihm kurzerhand ab.

In der Tierklinik stellte sich heraus, dass der Flügel schon sehr früh zertrümmert gewesen sein musste. Da sie keine Schmerzen hatte und eine Behandlung kompliziert und wenig aussichtsreich war, nahm ich Uschi unverrichteter Dinge wieder mit nach Hause. Zwar wird sie niemals weite Strecken fliegen können, doch sie hat sich eine ganz eigene Art der Fortbewegung aus Flattern und Hüpfen angewöhnt, und sie lässt sich auch sonst nicht unterkriegen.

Als Eulenkind saß sie viel bei mir im Wohnzimmer und beäugte Ingo misstrauisch. Schon auf den ersten Blick war zu erkennen, dass sie alles andere als begeistert von unserem verbeinigen Familienmitglied war. Dabei legte Ingo sich mächtig ins Zeug, um ihr zu gefallen. Gemächlich, um sie nicht zu erschrecken, lief er einmal um sie herum. Uschi folgte ihm mit dem Blick, bis sie den Kopf nicht weiter drehen konnte, und fauchte ihn an. Ingo ließ sich nicht beirren und startete die nächste Umrundung, Uschi fauchte aufs Neue. So ging es eine ganze Weile weiter, bis mir schon schwindlig vom Zusehen wurde.

Irgendwann atmete Uschi tief aus, seufzte und gab auf. Da näherte sich Ingo ihr einen Schritt – und hob das Bein! Als ob sie ihn nach Hundeart beschnüffeln sollte!

Uschi sah ihn völlig schockiert an. Sie war viel zu perplex, um zu fauchen oder nach seinem besten Stück zu hacken. Seither hat Uschi ihn als Freund und Beschützer akzeptiert. Ingo schafft es halt immer wieder auf seine Art, das Eis zu brechen. Auch wenn es diesmal doch ein wenig … ungewöhnlich war.

Von all meinen Eulen hat Uschi Allüren wie eine Diva. Ist sie gut gelaunt, dann wackelt sie vor Begeisterung mit dem Kopf und springt lustig umher. Aber wehe, ihr passt etwas nicht in den Kram. Dann senkt sie den Kopf, pendelt mit dem Körper hin und her und schiebt den dunklen Unterschnabel vor. Dabei schaut sie einen aus ihren gelben Augen zornig an.

In solchen Momenten passt man besser auf, dass sie einen nicht in die Wade zwickt. Sie kann nämlich ganz schön temperamentvoll sein. Das erste Männchen, das ihr Avancen machte, hatte sie binnen eines Herzschlags im Würgegriff.

Mit Müh und Not konnte ich den armen, verliebten Kerl befreien. Den zweiten Anwärter starrte sie mit ihrem Hypnoseblick so furchteinflößend an, dass er fast vom Ast gefallen wäre und sich lieber verzog. Also heißt es in Sachen Partner erst mal warten. Lange warten.

Ganz typisch für Uschi sind die kleinen Missgeschicke, die ihr immer wieder passieren. So etwa, wenn sie sich verschätzt und statt auf einem Baumstumpf mitten im Wassernapf landet. Das geht gar nicht! Da muss sogleich ein Sündenbock für herhalten – und das sind meistens Ingo oder ich. Aber daran haben wir uns inzwischen gewöhnt …

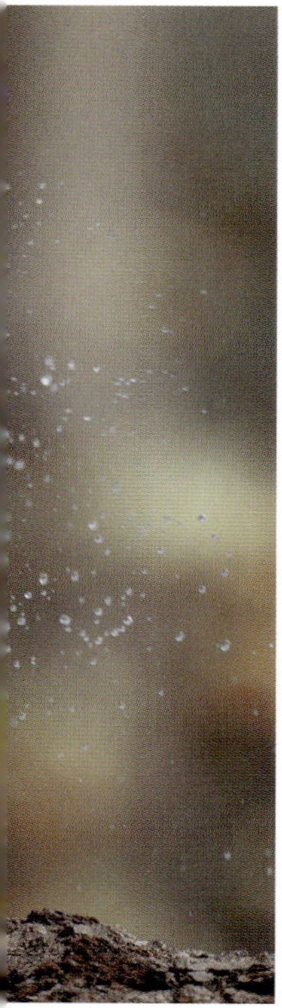

Dann wieder ist Uschi ganz anhänglich und verschmust. Wenn sie mich sieht, stößt sie einen Schrei aus und springt an mir hoch. Während ich sie füttere, gurrt und fiept sie wie ein Küken und schmiegt sich eng an mich. Ich nenne sie gern meine „Freu-Eule", denn keiner meiner Eulen sieht man die Freude so sehr an wie ihr. Auch wenn sie Ingo sieht, kreischt und hüpft sie – allerdings nur so lange, wie er es nicht bemerkt. Geht er zu ihr hin, blickt sie arrogant zur Seite und wackelt mit dem Körper hin und her. Gerade so, als wollte sie sagen: „Ach, das bist ja nur du, Ingo. Da hält sich meine Freude definitiv in Grenzen." Ich habe sie längst durchschaut und weiß, dass ihr Herz weiter hüpft. Nur zugeben will sie es nicht.

Als endlich Schnee lag, war Uschi schon einige Monate bei mir. Mit ihren großen Puschelfüßen, die bis auf die schwarzen Krallen gefiedert sind, machte sie ein paar Schritte durch die weiße Landschaft, schüttelte sich und blieb sitzen in der Hoffnung, dass ich sie schnell wieder abholte. Insgeheim hatte ich mir gedacht, sie würde sich richtig freuen und wäre ganz in ihrem Element. Aber in Wirklichkeit gefällt ihr unser Wohnzimmer viel besser, wo sie jede Menge Aufmerksamkeit bekommt.

Einmal hatte Uschi sich das Auge verletzt, sodass ich ihr mehrmals täglich Augensalbe verabreichen musste. Ich machte mir schon Gedanken, wie ich das bewerkstelligen sollte. Immerhin ist sie so groß wie ein Uhu, und der Schnabel ist auch ziemlich kräftig. Und wie man weiß, kann sie ganz schön aufbrausend sein, wenn etwas nicht nach ihrem Schnabel läuft.

Ich versuchte es erst einmal mit Ruhe und rief: „Uschi, Augensalbe!" Wider Erwarten kam ich ohne Blessuren davon. Und mehr noch: Nach wenigen Malen wusste Uschi genau, was anstand, wenn ich „Augensalbe" rief. Dann kam sie an, legte den Kopf zurück und riss die Augen weit auf. Nicht so sehr wegen der Salbe, sondern vielmehr wegen der Leckerchen, die es nach der Prozedur gab. Die gefielen ihr so gut, dass sie schon bald alle zehn Minuten angelaufen kam, sich erwartungsvoll vor mich hinsetzte und die Augen aufriss. Natürlich nicht der Salbe wegen ...

Mit ihrer lauten, krächzenden Stimme könnte Uschi jeden Einbrecher vertreiben. Doch wenn sie mit Ingo zusammen ist, schweigen die beiden meist einträchtig.

Ab und zu aber überkommt es Ingo, und er durchbricht die beredte Stille mit seinen Faxen. Und dann haben sich die beiden plötzlich jede Menge zu sagen …

3. Kapitel:

Lenni

Eines Morgens im Sommer 2016 stand meine Freundin, der die Falknerei gehört, vor meiner Tür und hielt einen Schuhkarton unterm Arm.

„Sieh mal, der kleine Muck", sagte sie. Ich spähte in den Karton und sah einen winzigen Raufußkauz, der mich aus seinen gelben Augen anstarrte … und im nächsten Moment wie leblos umfiel.

Erschrocken rief ich: „Der kleine Muck ist tot!"

„Nein, das ist seine Masche. Der stellt sich nur tot", klärte meine Freundin mich auf. Und tatsächlich: Kurze Zeit später öffnete er vorsichtig ein Auge, sah mich – und machte es schnell wieder zu.

Offenbar war er gar nicht begeistert, dass ich noch immer da war. Ich aber konnte mich gar nicht sattsehen an ihm. Mit den gelben Augen, dem erstaunt-frechen Gesichtsausdruck und den dicht befiederten Zehen hatte er sich mitten in mein Herz geschlichen. Ich konnte mir gut vorstellen, wie solch ein kleiner Irrwisch auch unser Leben auf den Kopf stellen würde.

Ein Jahr später war es dann tatsächlich soweit. Nach einigen Verwechslungen und Hilfe über Facebook kam ein anderer Raufußkauz in mein Leben. Als Küken füllte er meine hohle Hand, war ganz dunkel und hatte ein Gesicht, das nur eine Mutter lieben konnte – er war nämlich alles andere als hübsch. Doch er war schon so neugierig, dass er die Augen selbst dann noch aufriss, wenn er vor Müdigkeit vornüberfiel. Ich nannte ihn Leonard Hofstadter nach dem ziemlich verpeilten Genie aus „The Big Bang Theory".

Seither hat Lenni noch weitere Namen bekommen, wie „Bademeister" wegen seiner exzessiven Lust zu baden oder „Pluderhose". Sieht man sich sein Beinfederkleid an, wenn er sich reckt oder umherläuft, dann weiß man, woher dieser Spitzname kommt ...

Als kleines Küken schlief Lenni in einem Handtuch auf meinem Nachttisch. Von Poldi und seinen Kindern war ich es gewohnt, dass Steinkäuze nachts, wenn sie Hunger haben, ein ziemliches Getöse veranstalten. Lenni aber saß da, schaute mich aus weit aufgerissenen Augen an und machte ganz leise „fuuut, fuuuuuut". Seine Geräusche sind einfach am süßesten. Noch immer ruft er „fuuut", wenn er mich sieht und hungrig ist, und springt dabei auf und ab.

Was das Totstellen angeht, hat Lenni zumindest Ingo einen Riesenschrecken eingejagt. Einmal nämlich war er so übermütig, dass er wie ein kleiner Gummiball auf Ingos Hinterlauf auf und ab sprang. Irgendwann wurde es sogar Ingo zu viel, und er zog vorsichtig das Bein ein. Lenni landete beim nächsten Hüpfer auf dem Boden – und fiel wie tot auf den Rücken. Ingo starrte ihn entsetzt an. Ich aber rief: „Lenni, der Trick zieht nicht!" Woraufhin er die Augen öffnete und sich hinsetzte, als sei nichts gewesen. Das war das erste und letzte Mal, dass er sich tot gestellt hatte. Seither hat er ganz andere Tricks auf Lager.

Sein Wahlspruch lautet: „Falls du glaubst, dass du zu klein bist, um etwas zu bewirken – dann sei wie Lenni." Mit seinen gerade mal 103 Gramm ist er das beste Beispiel dafür, dass man sich auch als Winzling behaupten kann. Er ist ungestüm, witzig, gerissen – und absolut vertrauensselig. Wie ein Kolibri flattert er durch die Gegend und hat vor nichts Angst.

Typisch für Lenni sind die Reggae-artigen Bewegungen. Dabei schwingt er seinen kleinen Körper mit dem vergleichsweise riesigen Kopf hin und her. Was nach einem witzigen Tänzchen aussieht – vor allem, wenn die entsprechende Musik dazu läuft –, hat in Wirklichkeit einen Sinn: Da seine Augen unbeweglich sind bis auf die Pupillen, dienen die Bewegungen von Kopf und Körper dazu, sogenannte Scanpunkte zu setzen. Gerade so winzige Eulen wie Lenni, bei denen die Augen vergleichsweise dicht beieinanderstehen, sind auf die unterschiedlichen Perspektiven angewiesen. Denn nur so erhalten sie ein dreidimensionales Bild der Umgebung.

Gandalf, der es lieber gemütlich mag, geht Lennis Reggae-Getue ziemlich auf die Nerven. Neulich saßen die beiden auf einem dünnen Ast. Gandalf schloss die Augen, um ein Nickerchen zu machen. Doch Lenni war viel zu aufgedreht und scannte mal wieder mit ganzem Körpereinsatz seine Umgebung. Gandalf öffnete langsam ein Auge, dann das zweite und sah aus, als würde er wie bei einem Countdown runterzählen – und zack, schubste er Lenni vom Ast. Der kleine Kerl schrie wie am Spieß, obwohl er sich nicht wehgetan hatte.

Falls Gandalf dachte, er hätte mit dieser Aktion für Ruhe gesorgt, lag er falsch. Zehn Minuten später ließ Lenni sich erneut neben ihm nieder und machte versuchsweise die Augen zu. Aber schnell wurde ihm langweilig, und er tanzte wieder los. Gandalf verpasste Lenni ungerührt den nächsten Schubs. Er machte sich dabei nicht mal mehr die Mühe, die Augen zu öffnen, und schlief direkt weiter. Die kleine Pluderhose aber blieb am Boden sitzen und schimpfte vor sich hin.

Gandalf ist es nicht gewohnt, dass sich jemand derart respektlos benimmt und seine ausgedehnten Ruhephasen stört. Von daher hält die Freundschaft zwischen den beiden selten länger als eine Stunde. Auch wenn Lenni Gandalf als großen Bruder akzeptiert, haben die beiden zu unterschiedliche Vorstellungen vom Tagesablauf. Doch da ist eine Angewohnheit des kleinen Störenfrieds, die Gandalf mit wachem Interesse verfolgt. Lenni liebt es nämlich, sein übrig gebliebenes Fressen zu kleinen Burgen aufzutürmen, die er sorgsam vor anderen bewacht. Regelmäßig beseitige ich diese Vorratsburgen, doch einmal übersah ich einen Happen. Das merkte Gandalf und beschloss, sich auf Lennis Kosten einen kleinen Snack zu genehmigen. Nicht mit Lenni! Der Kleine verteidigte sein Fressen mit vollem Körpereinsatz.

Gandalf war empört, dass sein schöner Plan sich in nichts aufgelöst hatte, und knötterte den ganzen Nachmittag vor sich hin. Lenni ließ sich davon nicht im Geringsten beeindrucken. Zumal Fressen in seinem Leben eine bedeutende Rolle spielt. Daher an dieser Stelle auch eine kleine Gewichtskorrektur: Über den Winter hat er sich ganz schön Speck angefuttert und bringt es derzeit auf satte 118 Gramm …

Als Lenni Poldi zum ersten Mal begegnete, war er erschrocken, dann überrascht. Als weiter nichts passierte und Poldi ihn gelassen betrachtete, plusterte Lenni sich auf und nahm eine John-Wayne-Pose ein – die Beine weit auseinander, der Körper aufrecht, die Flügel scheinbar lässig an den Seiten. Wegen seiner Pluderhose wirkte die Haltung nicht annähernd so heldenhaft, wie er vielleicht dachte. Poldi jedenfalls war wenig imponiert. Zumal es kaum etwas gibt, das ihn aus der Ruhe bringt, und schon gar nicht ein Raufußkäuzchen. Seither treffen die beiden sich ab und an und tauschen sich aus. Was sie sich wohl zu sagen haben?

Ansonsten liebt Lenni das Baden über alles. Morgens, mittags, abends stürzt er sich in den Hunde-Wassernapf und springt darin umher, bis sein Gefieder vom Kopf bis zu den Zehen durchnässt ist. Und weil man sich danach so effektvoll schütteln und seine Umgebung nassspritzen kann, ist es gleich doppelt so schön.

Einmal landete der kleine Bademeister in unserem Gartenteich – das fand er schockierend. Und was das Duschen angeht, so ist es unter seiner Würde. Wenn er Gandalf dabei beobachtet, wie er den Regen genießt, zieht er schon mal den Flügel über den Kopf. Fremdschämen nennt man das ...

Raufußkäuze leben in der Natur vorzugsweise in kühlen Nadelwäldern und sind auch in Nord- und Mitteleuropa anzutreffen. Inmitten von Altholz finden sie Höhlen zum Brüten und sind mit ihrem dunklen Gefieder und den weißen Tupfen perfekt getarnt.

Lenni fühlt sich im nahen Wald mit seinen bemoosten Stämmen und Eulenverstecken einfach wohl. Nur mit Pilzen hat er es nicht so. Während Poldi gern unter ihren Hüten Unterschlupf findet, macht Lenni sie der Reihe nach kaputt. Überhaupt stört er gern die Ruhe des Waldes, schwirrt umher und nutzt Ingos Kopf abwechselnd als Startrampe oder Landeplatz. Nimmt man ihn herunter, dann gackert er wie ein Huhn.

Vor Ingo hat er gar keinen Respekt. Vielleicht aber ist sein Vertrauen in den felligen Beschützer auch grenzenlos. Er turnt auf und unter ihm herum, versteckt sich an seiner Seite, wenn es regnet, und kauert sich auf Ingos Vorderlauf, wenn Schnee für kalte Füße sorgt. Hin und wieder setzt er sich auf Ingos Kopf und putzt sich dort in aller Seelenruhe. Ist ihm langweilig, versucht er sein Füßchen in Ingos Ohr zu stecken. Seit dem ersten Tag hat er nie Angst gezeigt – und niemals einen Grund dafür gehabt, Ingo zu fürchten.

Lenni bringt jede Menge Schwung in unser Leben. Ihn zu fotografieren macht unglaublich viel Spaß, verlangt aber auch eine Menge Geduld und Spontaneität. Vor allem, seit er einen neuen Trick für sich entdeckt hat. Sieht er etwas, das ihm nicht gefällt, wie etwa ein Rotkehlchen oder eine Kohlmeise, setzt er sich hin, schließt erst das eine Auge und dann das andere. Und macht sie partout nicht wieder auf – komme, was wolle. Erst wenn ich die Kamera weglege und ihn auf die Hand nehme, hat er wieder zwei Augen …

4. Kapitel:

Ingo & Friends

Morgens, wenn die Eulen noch schlafen, ziehen Ingo und ich los, in den Wald. Um diese Zeit sind wir noch ganz allein unterwegs und können nach Herzenslust herumtoben. Ich liebe diese Morgenrunde, liebe das Selbstvergessene, die Ausgelassenheit, mit der Ingo in seinem Spiel aufgeht. Wenn er so ungestüm umherspringt, dann fühlt es sich manchmal an, als würde er bersten vor Energie und seine Umgebung mit all seiner Lebendigkeit anstecken. Ob er mit Kieseln oder Blättern spielt, in die Luft hechtet, höher und höher, als wäre er ein Vogel, durch Pfützen rast oder im Sand buddelt – immer ist Ingo ganz und gar in seinem Element und genießt das pure Leben.

Dabei war er nicht immer so. Ingos Start ins Leben war nicht leicht. Er war der Kleinste in einem Wurf von acht Welpen und wirkte ziemlich abweisend. Lange Zeit wollte er mit niemandem spielen außer mit seinem Ball. Auch ich hatte Schwierigkeiten, einen Zugang zu ihm zu finden und die Mauer, die er um sich gezogen hatte, zu durchzudringen.

Seither hat Ingo eine geradezu unglaubliche Wandlung durchgemacht: vom unzufriedenen, aggressiven Außenseiter, den keiner mochte, hin zum sanftesten und fürsorglichsten Hund, den man sich nur vorstellen kann. Und all das hat er Poldi zu verdanken. Der kleine Steinkauz hat mit seiner unverbrüchlichen Freundschaft einen besseren Zeitgenossen aus Ingo gemacht.

Malinois sind intelligent, blitzschnell in ihren Reaktionen, kräftig und zugleich sensibel. Sie brauchen eine Aufgabe, sonst sind sie unterfordert und werden ungemütlich.

Ingo fand seine Lebensaufgabe in den Eulen. Als er Poldi auf meinem Schreibtisch sitzen sah, näherte er sich ihm vorsichtig. Mein kleiner Steinkauz fauchte ihn an und wirkte alles andere als einladend, doch Ingo ließ nicht nach in seinen Bemühungen und stupste Poldi mit seiner feuchten Nase zärtlich an. Binnen Tagen wurden die beiden unzertrennlich. Auch Poldi war der Kleinste unter seinen Geschwistern gewesen und von ihnen ausgeschlossen worden. So trafen zwei Wesen zusammen, die sich in all ihrer Andersartigkeit kennen- und lieben lernten.

Die Freundschaft zu Poldi begann Ingo völlig zu verändern. Plötzlich konnte er zeigen, was in ihm steckt, und ich schloss ihn fest ins Herz. Auf unseren Spaziergängen suchte er verletzte Vögel, die wir mit nach Hause nahmen und aufpäppelten. Ingo wurde zu Poldis Beschützer und adoptierte nach und nach alle anderen Eulen und auch Phönix, den Wüstenbussard.

Von all meinen Tieren ist Phönix am intelligentesten und lernt am schnellsten. Mein „Schlau-Bussard" ist aber auch ein kleiner „Klau-Bussard" und liebt es, Futter zu stibitzen. Einmal saßen Ingo, Phönix und ich einträchtig auf unserer Bank am Waldrand und betrachteten die Rehe. Es war so ein selbstvergessener Moment, dass ich gar nicht merkte, wie Phönix heimlich ein Loch in meine Falknertasche biss und sich großzügig an den Leckerchen bediente. Als ich mich zu ihr umdrehte, um sie zu kraulen, fiel mir auf, wie dick ihr Bauch war. Ein Griff in die fast leere Tasche ließ mich ahnen, wo der Inhalt gelandet war. Ich tat so, als hätte ich nichts gemerkt, und drehte mich weg. Aus dem Augenwinkel sah ich, wie Phönix ein weiteres Mal in die Tasche langte und dann ganz unschuldig tat.

Also brachte ich ihr das „erlaubte Klauen" bei, was ihr einen Riesenspaß machte. Wenn ich nun den Befehl „Klauen!" rufe, kommt sie angeflogen, hält sich an meiner Jackentasche fest und befördert nach und nach den ganzen Inhalt nach draußen, bis sie das Leckerchen gefunden hat, das ich zuvor dort für sie versteckt habe. Höchst zufrieden mit sich fliegt sie davon und vertilgt ihre Beute. Geklautes schmeckt doch einfach am besten.

Phönix ist wild, kraftvoll und zugleich ein soziales Wesen. Wenn wir zu dritt über die Wiesen tollen, fällt einfach alles von mir ab. Dann sehe ich Ingo hinterher, wie er davonrast, und Phönix, die direkt über ihm fliegt ... und mit einem Mal kommt ein so unbändiges Gefühl von Freiheit in mir auf, wie man es nur selten spürt.

So wild Ingo mit Phönix und mir umherspringt, so sanft ist er mit seinen Eulen-Schützlingen. Zu ihnen zählt auch Rüdiger, das putzige Habichtskauz-Küken, das im Frühjahr 2018 zu unserer Familie stieß. Seine Augen mit den roten Rändern sind noch voller Staunen. Und er hat das sanfteste Gefieder all meiner Eulen. Wenn ich die Nase hineinstecke, kitzelt es wie eine Pusteblume ... Ingo passt auf Rüdiger auf, wenn er den Garten erkundet, wärmt ihn, wenn er friert, und legt sanft eine Pfote um ihn, als wollte er ihm versichern, dass er immer für ihn da sein wird.

5. Kapitel:

Bärbel

Wer meint, dass man Glück nicht anfassen kann, der kennt das samtige Gefieder eines sibirischen Uhus nicht … Bärbel ist mein geheimer Liebling. Vielleicht liegt es ja daran, dass sie bei mir im Bett groß geworden ist. Nachts habe ich ihr aus Laken ein Nest gebaut, doch meist war sie viel zu neugierig, um zu schlafen. Da half nur der Blick auf das Brombeer-Bild von Poldi, das über meinem Bett hängt und auf dem er ziemlich streng aussieht. Irgendwie schien Bärbel die Botschaft zu erkennen – und machte endlich die Augen zu. Und wenn sie aufwachte, wanderte ihr Blick als Erstes wieder nach oben, um sich davon zu überzeugen, dass Poldi noch guckte.

Sibirische Uhu-Weibchen sind mit ihren bis zu achtzig Zentimetern Körperhöhe auffallend größer als die Männchen. Da mein Küken riesige Füße hatte, war ich mir wegen des Geschlechts ziemlich sicher, und nannte es Bärbel. Doch sie wuchs nicht so, wie ich angenommen hatte. Also ließ ich einen DNA-Test machen, und es stellte sich heraus, dass sie in Wirklichkeit ein Männchen ist. Da mein Uhu den Namen inzwischen gewohnt war, machte ich kurzerhand Klaus-Bärbel draus. Wobei „sie" meist Bärbo, Bärbelchen oder Bärbeul gerufen wird – wie man das bei seinen Lieblingen eben so macht.

Bärbel ist eine wahre Persönlichkeit voller Gegensätze: der kräftige Körper und das schwerelose Dahingleiten auf ihren weiten Schwingen; der mächtige schwarze Schnabel in dem hübsch gezeichneten, hellen Gesicht; die messerscharfen Fänge, mit denen sie ihre Beute durch einen Griff töten kann, und die Sanftmut, mit der sie sich an mich schmiegt … Wann immer sie in meinem Beisein etwas sieht, das ihr fremd oder unheimlich ist, kommt sie angeflogen, legt die großen Flügel um mich und birgt den Kopf an meiner Schulter, als wollte sie sagen: „Sorg dafür, dass es verschwindet."

Charakteristisch sind auch Bärbels Federohren. Wenn sie aufgeregt ist oder sich bedroht fühlt, stellt sie beide Ohren steil auf und macht die Augen schmal. So wirkt sie noch ehrfurchtgebietender.

Einmal wollte ich Poldi und Bärbel fotografieren. Meine Freundin hatte Sorge, dass Bärbel dem kleinen Steinkauz etwas antun könnte. Schließlich ist Poldi gerade mal so groß wie Bärbels Kopf. Ich würde meine Tiere niemals einer Gefahr aussetzen, und ich wusste, dass ich Bärbel vertrauen konnte. Zur Sicherheit stand meine Freundin ganz in der Nähe, um notfalls einzuschreiten. Ich machte ein paar Fotos von den beiden so unterschiedlichen Eulen, dann ließ ich die Kamera sinken. Poldi, der bisher brav in die Linse geblickt hatte, wandte den winzigen Kopf und starrte Bärbel von unten her auffordernd an. Als Bärbel seinen Blick auffing, bekam sie einen Schreck und „rettete" sich auf den Arm meiner Freundin.

Wenn Ingo und Bärbel zusammen sind, spürt man den gegenseitigen Respekt der beiden. Trotz des Abstands, den sie voneinander halten, sind sie sich nah und kommunizieren auf ihre Weise. Und wie bei all meinen Eulen gilt Bärbels Zuneigung keinem anderen Hund, nur Ingo.

Bärbel kommt sofort angeflogen, wenn sie mich sieht. Rufe ich sie, dann antwortet sie meist mit einem heiseren „Mäh". Es ist jedes Mal ein gutes Zeichen, wenn Eulen antworten: Es bedeutet, dass alles in Ordnung ist und sie sich wohlfühlen. Nur selten kommt es vor, dass Bärbel schweigt und vor sich hin schmollt: dann nämlich, wenn ich für mehrere Tage fort muss und sie nicht mitnehmen kann.

Schon von klein auf hat sie gewisse Allüren, was ihr Futter angeht. Es muss ansprechend dargereicht werden, ganz nach dem Motto: Das Auge isst mit. Doch schlechte Laune hält bei Bärbel zum Glück nie lange an. Dafür ist das Leben viel zu spannend.

Der magischste Moment ist immer, wenn sie erhaben herbeischwebt, völlig lautlos landet und den Kopf langsam zu mir dreht, um mich aus ihren großen, rotorangefarbenen Augen anzusehen. Dann bleibt die Zeit stehen. Und manchmal scheint sie einem mitten in die Seele zu blicken …

6. Kapitel:

Poldi & Familie

Poldi, mein Steinkauz, war und ist ein Kämpfer. Gerade mal eine Handspanne groß, stellte er meinen Alltag völlig auf den Kopf und schenkte Ingo eine Lebensaufgabe. Die Freundschaft der beiden war so überraschend, so berührend, und sie hält bis heute an, auch wenn Poldi nun die meiste Zeit mit Finchen, seiner Steinkauz-Dame, verbringt.

Faszinierend zu sehen ist, wie sehr Poldi sich in den letzten beiden Jahren verändert hat. Mit jedem Gelege ist etwas von seinem ursprünglichen Macho-Gehabe von ihm abgefallen. Inzwischen unterstützt er Finchen mit aller Kraft, bringt ihr Futter, wenn sie brütet, und schenkt ihr all seine Aufmerksamkeit. Aus dem kleinen Draufgänger, der sich gern mal seinen Pflichten entzog, ist ein liebevoller und fürsorglicher Eulenvater geworden.

Steinkäuze sind aufopferungsvolle Eltern, was die Aufzucht und den Schutz ihrer Brut betrifft. Doch bauen sie keine Beziehungen zu ihren Kindern auf, die sich, sobald sie kräftig genug sind, ihr eigenes Revier suchen müssen. Und so bekam Poldi auch nicht mit, was Gonzo, seiner Tochter aus dem ersten Gelege, widerfuhr. Das Steinkauz-Mädchen hatte sich mit Gandalf und Ingo angefreundet. Immer wieder beobachtete ich die drei, wie sie spielten, schmusten und Unfug anstellten. Doch eines Abends kam ein Kunde zu mir, und Gonzo erschreckte sich so sehr, dass sie davonflog, mitten in ein Unwetter hinein. Der Versuch, sie vom Nachbardach zu retten, schlug fehl. Gonzo flatterte völlig aufgelöst in den Nachbarbaum, wo sie von Elstern gejagt wurde. Seither haben wir sie nicht mehr gesehen. Wir alle vermissen sie sehr.

Poldi und Finchen sind ständig zusammen. Wenn sie nicht gerade balzen, wirken sie auf mich immer ein bisschen wie ein altes Ehepaar. Jeder sitzt in seiner Ecke und tut das, was er mag: dösen, schlafen, essen, sich putzen. Aber wenn die Balz beginnt, kommt Leben in die beiden. Dann wird es nachts so laut in der Voliere, dass man meinen könnte, zwei Raubtiere wären dort zugange.

Im Frühjahr 2018 legte Finchen erneut Eier. Diese Mal hatte ich eine Videokamera im Nistkasten platziert und durfte zusehen, wie emsig sie eine Nistmulde baute. Finchen wirkte sehr aufgeregt, stapfte auf ihren Krallenfüßen umher und fiepte unentwegt. Immer wieder gesellte sich Poldi zu ihr, und die beiden kraulten sich und schmusten miteinander.

Finchens Aufregung steigerte sich, bis das erste Ei gelegt war. Und es sollten noch vier weitere folgen! Dann erst begann sie zu brüten und entfernte sich ganze zweiundzwanzig Tage lang nicht von ihrem Gelege. Wenn ich gedacht hatte, dass Finchen sich einfach auf die Eier hocken und die Zeit stoisch absitzen würde, so zeigte mir die Kamera ein ganz anderes Bild. Immer wieder wendete sie die Eier vorsichtig mit dem Schnabel und schob sie mithilfe der Flügel zusammen. Wenn sie darüber einschlief und wieder aufwachte, wirkte sie geradezu aufgelöst, begann sofort damit, die Eier zu wenden, und bedeckte sie sorgsam mit ihrem Körper. Selbst auf dem unscharfen Schwarz-Weiß-Bild der Videokamera spürte man, wie viel Kraft ihr die Brut abverlangte. Poldi umsorgte sie liebevoll und ohne Unterlass. Es geht einem mitten ins Herz, zu sehen, wie Poldi und Finchen sich für ihre Jungen aufopfern.

Dann war es so weit, und die Küken schlüpften eines nach dem anderen! Drei Tage lang fieberte ich mit – dann durchstieß auch das fünfte mit seinem winzigen Schnabel die Eierschale. Und damit schloss sich auf wundersame Weise der Familienkreis: Auch Poldi war – als Siebter des Geleges – einige Tage später geschlüpft, als schon alle die Hoffnung aufgegeben hatten.

Hatte die Brut Finchen etliches abverlangt, war sie nun bis zur Selbstaufopferung damit beschäftigt, die hungrig fiependen Küken zu versorgen. Poldi brachte ständig Futter herbei und riss es in schnabelgerechte Stücke. Finchen schützte die flauschig-weißen Küken mit ihrem Körper und steckte Häppchen um Häppchen in die aufgerissenen Schnäbel. Erst als die Jungen größer waren, durfte Poldi sie direkt füttern.

Die fünf wuchsen in Windeseile heran. Inzwischen sind sie wahre Sprintkünstler. Wenn ich die Kamera auf sie halte, und sie rennen los, komme ich kaum mit. Und sie machen sogar schon ihre ersten Flugversuche, wie ich eines Nachts feststellte, als ich mit Ingo nach dem Rechten sah. Offenbar sollte das noch geheim bleiben, denn als sie uns bemerkten, verschwanden sie flugs wieder in ihrem Nistkasten.

Auch die Persönlichkeit der fünf wurde schnell offenbar: Der kleine Giselher ist von seinem Äußeren und den frechen Blicken her ganz der Papa. Krimhild liebt es zu fressen und hat mächtig an Gewicht zugelegt. Eleven, der Älteste, scheint mir ein umgänglicher Zeitgenosse zu sein. Ortwin, der Kleinste, ist ein richtiger Kämpfer. Anfangs war er so schwach, dass ich ihn für ein paar Tage zu mir nahm und aufpäppelte. Inzwischen hat er sich prächtig entwickelt. Und Swanhild verspricht ein hysterischer, wehrhafter Kauz zu werden: Wenn ich in den Nistkasten fasse, um ihn zu säubern, und jemand faucht, beißt und kratzt, dann ist es hundertprozentig Swanhild.

Wenn dieses Buch erscheint, werden die fünf ausgewildert sein, in Freiheit. Ich hoffe, dass sie durchkommen und ihr Erbe weitertragen: von dem kleinen, mutigen Poldi, der nie streitet und in wahrer Größe über allen Dingen steht, und Finchen, die so wild und ungezähmt geblieben ist und sich für ihre Jungen völlig aufopfert. Dass Liebe nicht verfliegt, zeigen uns Poldi und Finchen mit jedem Tag …

Wir können von Tieren so viel lernen und so viel mit ihnen erleben – ein Menschenleben reicht dafür nicht aus.

Danke!

Meine Tiere und ich haben sozusagen alle auf Umwegen zusammengefunden und sind vielleicht deshalb heute umso enger zusammengeschweißt.

Da ist Poldi, den keiner wollte, Uschi mit ihrer Behinderung, Gandalf der Miesepeter, Phönix die Freche, Bärbo die Sensible, Finchen die unermüdliche Mama, Lenni der freche Winzling, Rüdi die Pusteblume mit Augen und ich, der chaotische Waldschrat.

An erster Stelle steht aber Ingo für mich.
Wir haben uns nicht gesucht und nicht gefunden.
Eine kleine Eule hat uns zusammen gebracht ...
... und seitdem sind wir unzertrennlich.
Mein Beschützer und Seelentröster, meine rechte Pfote, mein bester Freund – wo immer ich bin, ist Ingo.

Danke auch an Nobbi.
Er hat sich wohl dran gewöhnt, dass in der Küche mehr Futter für die Tiere als für ihn zu finden ist.

Danke auch an Cindy und den Bastei Lübbe Verlag, an Angela, an meine Freundin Carola, die immer aufopfernd meine Tiere versorgt, wenn ich unterwegs bin, an Lusita und Ute und danke an Alle, die uns begleiten.